好想住
日式风的家

任菲 编

江苏凤凰科学技术出版社

前言
Preface

这本书，写给想要一个"日系"家的你，走进14个有温度、有故事的日式住宅，与屋主和设计师展开对话，最终帮你找到心目中的"理想家"。

在这个充满竞争的都市里，每个人或多或少地都会遇到各种各样的压力。当一天的工作结束，会向往一种简单的生活方式，想回到舒适宜人的家。于是，许多人开始寻求心灵上的满足，追求自然、简约的家居设计，淡而雅、净且清的日式风便流行起来。

"简约"是日式风最显著的标签，其形成的历史原因有二：其一，日本地处两大板块的交界处，是一个地震频繁的国家，室内装饰最大限度的简化是为了避免在发生地震时物体掉落下来伤及人体。其二则与日本国土资源有关，日本面积狭小、资源匮乏，因此在做设计时须尽可能地避免浪费，力求以最少的材料实现最大的价值。

提及日式风的住宅，首先让人联想到"冷淡"，我想这可能是因为大多数人把"冷淡"与"简约"画了等号。其实日式风再简洁，骨子里还是将东方民族的闲适写意、悠然自得表现得淋漓尽致。留心观察日式家居所营造的生活氛围，你会发现，日式空间特别注重物与人、人与人、人与大自然之间的沟通、协调，通常在解决基础使用功能后，让物件保持最自然的状态，因而不做过多的修饰。

"禅意"是日式风的第二个标签。受中国传统文化的影响，日本人对禅宗怀有深厚的信仰，出于对传统元素的尊重与致敬，如今在设计日式简约风格居室中仍会带有禅意。想要营造禅意气质的空间，恰到好处的留白必不可少。所谓留白，是指中国传统画里留白的构图所制造出来的境味儿，即"增一分则太多，减一分则太少"，需要观赏者细细体味。日式空间让人想要融入其中，静静地思考，甚至连物件本身都"忘掉"，只着眼于日常生活，体现了一种优雅的东方禅意哲学。

"整理和秩序"是日式风的第三个标签，也是灵魂之所在。无印良品官网上各类收纳家居用品永远排在家居畅销榜的第一位；在各种日剧里，收纳柜、收纳盒会"毫不吝啬"地出现在家中的各个角落；在日本众所周知的"收纳之神"近藤麻理惠更是被《时代周刊》评选为2015年"世界最有影响力的100人"；我们熟知的"断舍离"生活哲学等，足以证明日本民众对收纳的钟情。因此，极致的收纳理念是日式风必备的。更重要的是，我们也可以在整理、收纳中合理地规划生活，一举两得。

那么，如何把以上三大标签完美地应用于自己家中呢？这其实是应遵循一些设计准则，想要轻松搞定日系美宅，需要选择恰当、合适的色彩、家具、灯具、绿植、织物、挂饰等软装元素。本书"软装提案"部分对这几类元素的运用进行了细致的讲解，希望读者在阅读本书后，能以最简洁的方式，花小钱装出大格局，体会日式风设计的魅力，感受家的温度。

目 录
Contents

日式空间
Japanese-style Home

01 晚风   009
暖阳下的日式原木小窝

02 林间葵   017
用精致的木家具，打造都市"桃源"

03 四月岛屿   025
94 平方米日式原木三居室

04 雅室   033
与孩子一起成长的格调之家

05 心之所向   041
北欧风与日式风的协奏曲

06 柠檬小屋   049
柠檬黄把家点亮

07 高叔一家的幸福生活   057
打通客厅、餐厅和阳台，空间放大一倍

08 再造空间   065
把村上春树的书房搬回家

09 安之若素   073
文艺女青年的日式混搭公寓

10 鹧溪小隐   081
朴素自然的日式原木风

软装提案
Schemes of Home Furnishing

11 森时代	089	
100 平方米的混搭新日式		
12 有氧	095	
古董房变身日式极简三居室		
13 满怀深情与空无一物	101	
现代日式三居室的"断舍离"		
14 活在梦里	107	
83 平方米的日式原木小三居		

色彩怎么搭？　　　　114

家具怎么选？　　　　118

灯具怎么挑？　　　　122

布艺织物怎么选？　　128

花艺、绿植怎么挑？　134

挂饰怎么配？　　　　140

日式空间 Japanese-style Home

01 晚风

02 林间葵

03 四月岛屿

04 雅室

05 心之所向

06 柠檬小屋

07 高叔一家的幸福生活

08
再造空间

09
安之若素

10
鹚溪小隐

11
森时代

12
有氧

13
满怀深情与空无一物

14
活在梦里

好想住日式风的家

日式空间

01
晚风
暖阳下的日式原木小窝

这间日式原木三居室的屋主是一对年轻的夫妇，女主人爱好喝茶和料理，男主人喜欢阅读和弹吉他，两人都向往简单温馨的家。是日风和日丽，女主人温上一壶茶，男主人拿起吉他低吟浅唱，轻缓的和风吹来，八十余平方米的小家收藏了这个城市最美的景致。

温馨的原木搭配清新的绿植以及白色墙面和天花板，让空间保持色彩上的平衡；设计师运用相对克制的手法，打造了一个清爽舒适又不失趣味的日式空间。

在日式风的盛行下，本案的主设计师陈茜不希望自己的作品被随意定义和贴标签，功能性和屋主的实际需求才是首要的。她所做的就是在有限的预算内，竭尽所能地为屋主描绘未来的生活。

> 居住成员：2 人
> 房屋面积：88 平方米
> 房屋格局：3 室 2 厅 1 厨 2 卫
> 主设计师：陈茜
> 设计公司：重庆琢信装饰
> 项目主材：实木复合地板、白色乳胶漆、木饰面、软木、榻榻米、谷仓门、定制家具

关于这个家的四个关键词

房子的女主人对自己的新家有着清晰的定位，从风格、预算到功能定位，在某种意义上，这个家更像是她和设计师共同完成的作品。对于这个家，她提炼了四个关键词：

第一是舒适。作为"居心地"，家应该是随时随地都能让人放松的地方。无论是阳台处抬高的地台，舒服的懒人沙发，还是可坐可卧的榻榻米书房，这个家的任何角落都可以供女主人"歪着看书、喝茶、刷剧"。

第二是实用。家不仅是用来看的，更要为生活在其中的人提供方便，空间的各个功能需要贴合居住者的实际需求。喜欢喝茶、看书，才会将晾晒衣物的阳台改造成功能齐全的茶室；注重收纳，卧室的柜子全部设计为顶天立地的形式。

① 设计师考虑到屋主的生活习惯，封住原始户型中的阳台，并将地面抬高 15 厘米作为茶室，客厅、餐厅、阳台三者巧妙地融为一体。借助窗外的风景，看书、聊天，享受花样年华。

② 电视背景墙造型简单，设计的亮点是延伸至阳台的一体式搁板，材料、色彩与沙发背景墙后面的木饰面相同；所有的机顶盒、路由器都隐藏在藤编储物篮后，公共空间令人神清气爽。

③ 从阳台方向看客厅、餐厅，餐厅打满吊顶，一方面藏住风管机，另一方面使得就餐环境更加温馨。对比未做吊顶的客厅，不足 90 平方米的空间有了 120 平方米的视觉感。

日式空间

②

③

原木色系的家具、极简的大白墙，日式的清新感跃然于眼前。清新的小绿植仿佛与整个空间长在一起，自然而不刻意。

第三是"颜值"。女主人是标准的"颜值控",大到房间内的木地板、衣柜门,小至纸巾盒、挂画,设计师和屋主无不精挑细选、货比三家,确保每一个物件都称心如意。

第四是性价比。除了以上几点,屋主还格外看重材料的环保属性,家中的实木家具既要讲究质感,又得符合当初定下的预算方案。在合理控制预算的前提下,设计师最终以18万元(含2万元家电费)为其装出了理想中的家。

设计注释:

软木,俗称水松、木栓,生产软木的主要树种有木栓栎、栓皮栎;具有吸声、隔热、天然环保等特性,软木特有的花纹带给人自然质朴之感,经常用做背景墙。

① 餐厅的背景墙选用软木背景板,挂上各种照片,让空间充满趣味;一侧的长凳是女主人最心仪的款式,坐着上面可以一眼看到窗外。

② 百叶窗外是厨房的生活阳台,窗户开启后可以实现南北对流。搭配鲜绿的天堂鸟,成为空间的色彩点缀。

设计师软装搭配重点提示

1. 这个原木清新风的家，在配色上非常简洁，以白色和原木色为主，各种绿植成为室内唯一的色彩点缀，整体呈现温馨自然之感。

2. 不想让阳台成为简单的晾晒区，可以尝试发掘阳台的其他功能，或者像这间房子一样，将地面抬高15厘米，打造成一个阳光休闲室，除了能提高空间利用率，也让空间更显优雅。

3. 运用大量的木质元素，如木地板、木饰面和木质搁板等，纹理和色彩上的细微差别营造出统一又丰富的视觉感受。

4. 客厅的电视背景墙满藏"心机"，定制的木搁板释放了更多的墙面空间，下面可以放置储物筐，增加收纳空间的同时，带来简约轻盈的视觉效果。

次卧为父母的房间，以简单舒适为主；低矮的原木家具、浅灰色的床品搭配几幅清新的挂画，简简单单就很好。

户型平面图

① 主卧也贯彻了极简风，以白色和原木为主，定制的床头背板及挑空床头柜既提升了空间的层次感，又满足了床边的储物需求。

② 主卧一角，可移动的原木挂衣架百搭实用，与整个空间的原木风相协调，空间的每一处都暗藏设计师的巧思。

③ 榻榻米房间目前是男主人的书房加应急客房，书桌连通榻榻米床尾，可以实现两人同时办公。小夫妻计划两年内生孩子，届时将改装成儿童房。

好想住日式风的家

02
林间葵

用精致的木家具，打造都市"桃源"

有一片湖水，湖后有片林子，早上林间雾气朦胧，走进去清清冷冷，但再往前走几步，便能看到树梢间长了几株向日葵，于是清冷里就有了和煦的温暖。是的，这就是设计师对"林间葵"的构想。林间葵可以是城市森林里家中的阳光，也可以是居室清朗色调中那一抹跳色，更可以是静寂空间里独处的你。

客厅被清清淡淡的日式色系包围，整个空间从硬装到软装大多是静态的；就像男主人说的那样，无需太多的东西，只要能放书即可。

屋主是一对工作忙碌的夫妇，有着"朝七晚九"的节奏，希望家里简单、清爽、干净。他们平时不爱看电视，但书必不可少，因此需要足够的空间来收藏书籍；他们还有一个可爱的儿子，想打造一个宽敞的阳台供其肆意玩耍。最重要的是，男主人喜欢日式家居的温馨感。

他们的诉求恰好契合了日式风的实质——简单、清爽中凝练着生活的隽永感。设计师刘晶晶在设计中充分考虑这些需求，为其打造了这间都市"桃源"。

> 居住成员：4人（夫妻+儿子+奶奶）
> 房屋面积：140平方米
> 房屋格局：3室2厅1厨2卫
> 主设计师：刘晶晶
> 设计公司：成都喜屋设计
> 项目主材：实木地板、彩色乳胶漆、木饰面、木格栅、榻榻米、防水乳胶漆

静与动的协调

整个家的设计，从硬装到软装，大多呈现静态的美。空间的每个角度拍下来都如同一幅静止的水墨画。设计师似乎深得日式侘寂美学的要义，毕竟家是生活的，由人的动态来统领提契，哪怕是一呼一吸。在凝固的静中，设计师兼顾流畅的空间动线，客厅、餐厅"隔而不断"，公共空间与睡眠区的互不干扰，空间在动与静之间寻找着平衡。

①

① 一进门就有一种远离闹市的感觉，木质材料占据大部分的视野，仿佛能闻到原木的清香，整个人都放松下来。玄关柜上一束迎宾小花，让人心生喜悦。

② 从客厅看玄关，动线流畅，视野毫不受限；夫妻俩都不爱看电视，希望家里简单、清爽。因此，设计师用大型书柜取代传统的电视墙。

③ 特别定制的木质书柜将餐厅和客厅巧妙地分隔开来，形成"隔而不断"的视觉效果，两者借用同一面落地窗进行采光，互不干扰。

冷与暖的交融

设计师坦言："不知从什么时候起,大家开始把日式等同于'冷淡',真是讨人厌的误读!"她认为,日式家居表面给人的感觉确是清冷的,但这份清冷之下掩映的是对生活的热爱。因此,在设计伊始她就要用饱含暖意的家庭感营造那种清冷的隽永,从本质上抓住日式风的神韵。

入门处暖心的挂件,充满自然生机的花艺、绿植,阳台处的蓝色懒人沙发……这些细小的平常之物无一不是美好生活的点缀。正如林间的葵花,总能找到斑驳树荫中阳光的方向。

① 客厅与阳台连成一体,视野更开阔,家里的小朋友可以在此处玩耍、读书。为了增加储物空间,阳台一侧的墙体做了整面的收纳柜。

② 餐厅对面是厨房,中间以两扇加宽的推拉木门相隔,自然光可以透过厨房照进餐厅,美好的生活总能迎着和煦的日光开始。

③ 餐厅一旁的木格栅带出日式禅韵,纯白色的餐具和格子餐巾实用耐看。虽是简单洁净的生活,但对家人而言,一蔬一食均不能马虎。

④ 厨房以白色为主,在视觉上放大了空间;使用光滑的材质作为储物柜的门面,也方便日常的清洁工作。

好想住日式风的家

日式空间

④

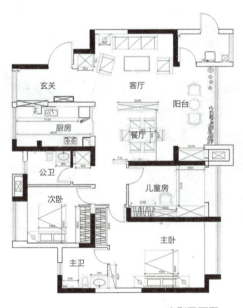

户型平面图

① 主卧延用木质家具，搭配淡米色的墙面和素雅的格纹床品，营造了舒适温馨的睡眠氛围。

② 床头一角，一抹并不繁复的绿色，让空间有了更多的清新暖意，搭配小巧的床头柜和原木简约台灯，碰撞出极简的视觉感受。

③ 看似简单的梯形储物架，亦可作为主卧的化妆台或简易书桌，一物多用，个性十足又不失实用性。

④ 榻榻米儿童房以豆绿色的床品提亮空间，这个房间的设计充分考虑孩子的成长性，并兼顾储物功能，没有繁杂的装饰，体现了屋主所追求的简单、清爽。

好想住日式风的家

日式空间

03
四月岛屿
94平方米日式原木三居室

屋主是德国留学归来的理工男,平时工作繁忙,希望回到家就能卸下沉重的包袱,静下心来;装修以舒适为前提,偏重自然朴实的原木风格,对家的期望是简单、不复杂,具有人文质感。他梦想着日头初上,一整天倚靠在阳台上读书,"望天上云卷云舒"。

客厅、餐厅未做明显的分隔,从地板到天花板上的吸顶灯都是木质元素;浅灰色的粗麻布艺沙发和原木色家具构成质朴的日式生活基调。

室内最大的亮点是大量使用木饰面来营造空间的统一感。此外，本案的主设计师陈放还以"门"的开合方式进行空间布局。这样的空间设计以现实生活为基础，旨在为屋主提供灵活又不失稳定的家居模式。

> 居住成员：1人
> 房屋面积：94平方米
> 房屋格局：3室2厅1厨1卫
> 主设计师：陈放
> 参与设计：黄诗婧、桂立望
> 设计公司：武汉C-IDEAS陈放设计
> 软装设计：武汉C-IDEAS陈放设计
> 项目主材：实木复合地板、彩色乳胶漆、KD饰面板、百叶窗、防水铝扣板、磨砂地砖

亦开亦合的隐形门

进入屋内，便可感受到整个空间的原木韵味。客厅的整面电视背景墙选用KD木饰面，在木材的包裹下，营造出更多的温馨感。空间的设计亮点不止于此，设计师将主卧的门隐藏于背景墙之中，关上门即与整个墙面融为一体，保持了墙面的一致性。

主卧延续同样的设计方式，在衣柜门上结合书房的造型做了另一个隐形门。关上门，可以保证两个房间相互独立的功能需求；开启后，既可以作为套房来使用，也可以在功能上相互渗透。两处隐形门堪称空间设计的一大特色。

户型平面图

①

① 玄关的墙面上装着几个创意挂衣钩，黑白经典配色的圆形挂钩，中和了方方正正家具的线条感，理性中透着可爱。鞋柜中空部分方便平时放置钥匙和杂物。

② 客厅的电视背景墙选用 KD 饰面板，既轻盈一体，又与整个空间的原木风相统一；搭配白蜡木电视柜和小茶几，将原木风进行到底。

③ 设计师十分重视空间的功能性与美观性，将主卧的门隐藏于背景墙之中，营造清爽的视觉感受。巨大的投影幕代替传统电视，屋主可在此尽情享受电影时光。

餐厅造型简单,原木餐桌椅搭配三脚架布艺落地灯,文艺小圆钟搭配简洁的白色吊灯,营造了温馨质朴的就餐氛围。

色彩配置与灯光布局

在空间的配色上,设计师比较克制,遵循日式家居风格中低明度、低饱和度的配色原则。空间以白色和原木色为主,细微处点缀清新的绿植,目力所及的范围内没有其他杂色。即使空间不大,设计师也尽力追求精致与优雅。

在灯光的布局上,弱化灯具的存在感,大面积的落地窗给公共空间带来充足的自然光;一盏简单的原木吸顶灯搭配基础款的吊灯和落地灯,层次分明,立体式布光足以满足日常的用光需求。

① 餐厅背景墙上的搁板十分精致,原木色的小收纳格除了可以放置樱花枝和日本武士像摆件外,还可以摆放平时常用的干果、零食密封罐,既美观又实用。

② 进门右手边是厨房,将原始的空调外机位扩进来,使厨房得到最大限度的利用。合理的动线加上深浅得当的配色,营造出整洁舒适的烹饪氛围。

设计师软装搭配重点提示

1. 随着年轻人生活方式的变化，电视机不再是客厅的必备之物，投影仪代替传统电视机的设计手法也越来越广泛地运用在室内空间中，特别是年轻人的家中。投影仪收放自如，能够节省更多的墙面空间，也非常适合小户型。

2. 在客厅灯具的选择上，设计师选用简单的吸顶灯，一方面可以释放更多的天花板空间，另一方面在视觉上可以扩大空间的纵深感。

3. 柜体材料建议选用色彩统一的木皮，正如这个房间中电视背景墙上使用的 KD 饰面板，不破坏整个空间的协调感及美感。

① 卧室延续公共空间的极简舒适搭配，柔软而宽大的双人床，加上采光良好的飘窗，非常温馨。屋主追求舒适的睡眠环境，床头的吊灯和小台灯在色彩上选择简约的米白色和黑色，光源自然且温馨。

② 在整面墙上打造一个衣柜，并结合书房的门，在衣柜旁开个隐形门，以保持墙面的完整性。关上门便和衣柜融为一体，堪称小户型放大视觉效果的巧妙设计。

③ 书房与主卧相通，靠窗的位置摆放一张书桌，窗帘选用透光性较好的百叶窗；墙面的凹陷处做了三层搁板，放上喜欢的书籍和绿植再好不过。为了搭配整体风格，设计师特意选购一款树墩状的凳子。

好想住日式风的家

04
雅室
与孩子一起成长的格调之家

板桥先生语：雅室何须大，花香不在多。为了给渐长的孩子提供更加舒适的生活环境，屋主选择一套平层加阁楼的房子作为新居。一家三口，特别爱干净的主妇不喜欢客厅被造访，客厅便不那么重要了。因此，房屋布局更多地考虑孩子的起居活动、阅读以及学习空间。整间房子虽没有繁复的造型，但细节处却流露着不可言喻的美感。

进门即是客厅，白墙、灰砖、百叶窗、原木复古家具，无多余的杂物，第一眼就能感受到这个家冷静的日式格调；黑色轨道灯和摇臂壁灯使空间更加饱满。

好想住日式风的家

房子的主人本身就是一位独立设计师，向来偏爱淡雅干净的日式实木大宅。因此，在家的设计中融合了新中式和北欧风的些许元素，最终混搭成自己喜欢的家的模样。

颠覆格局 打造理想家

考虑到客厅在家居生活中的非重要性以及孩子成长的重要性，设计师对房子的原始格局进行了颠覆性改造。舍弃朝南的客厅，将一南一北两间卧室改为两间朝南的卧室，原朝南的客厅改为主卧，并规划了宽1.8米的生活阳台；原主卧的位置改为儿童房，充足的阳光更有利于孩子身心的健康发展。

> 居住成员：3人
> 房屋面积：130平方米（一层90平方米，二层40平方米）
> 房屋格局：4室2厅1厨2卫
> 主设计师：抹小拉
> 设计公司：烟台抹小拉工作室
> 项目主材：白色乳胶漆、灰色地砖、新西兰松木、实木护墙板、马赛克瓷砖、水泥

沙发对面是高低玄关柜，纹理清晰的柜门带出质朴自然的气息；入户安装的日式苎麻暖帘是点睛之笔，在设计师看来，进门掀帘、低头也是一种生活态度。

① 厨房面积比较小，拆除不必要的墙体，改造成开放式厨房，人性化的动线设计让公共空间更加通透，也让家人之间有更多的互动机会。

② 墙面铺贴灰色小方砖；墙上实木搁板的主要功能是存放常用的碗、碟，无形中增加了墙面的收纳空间。

③ 入门处的小吧台非常实用，既可以妥善安放大量的厨房电器和其他杂物，也是入户的半墙隔断，隐性界定出厨房和客厅空间。

留白的艺术

留白是设计师想要表达的重点。除了儿童房外,全屋各个房间皆是大白墙。在色彩搭配上,设计师纯粹到只采用三种颜色,白色、灰色和原木色,视线所及之处无多余的杂色,整个空间给人冷静般的理性之感。此外,在软装搭配上,除添置一些观赏性的绿植外,减少一切不必要的点缀,刻意营造"空无一物"的感觉。留白之下,设计师将收纳隐于无形,收纳空间有增无减。

① 餐厅北面是开发商赠送的露台,设计师将其改造为多功能阳光房。双开门冰箱、足够大的餐边柜与绿植,每一寸空间都得到合理利用。

② 餐厅与厨房相连,造型简单;结实的老榆木餐桌和十多年前的水曲柳餐椅,设计师说:"足够用一辈子。"

③ 主卧延续极简的设计风格,依然是白墙加原木的搭配。出于牢固性的考虑,设计师专门请木工师傅定制了这款盒子床,再也不用担心"熊孩子"在床上跳来跳去了。

④ 儿童房是整个空间中配色最为丰富的,白色的护墙板搭配灰色乳胶漆、蓝色床品,延续整体空间的简洁感;飘窗下做挑空处理,兼具收纳功能。

日式空间

③

④

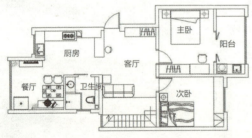

一层平面图

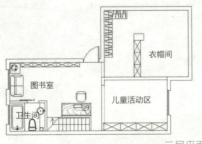

二层平面图

① 二层阁楼包括儿童活动区、衣帽间、图书室和卫生间。低矮处作为小朋友的活动空间，不放置任何家具，孩子可以把大大小小的乐高积木摆满一地。

② 图书室是全家人阅读、工作、娱乐的多功能空间，满墙的书提升了空间的文化品位。头顶一南一北设计了两道木梁，是为家庭影院准备的，北横梁吊投影仪，南横梁藏电动幕。

③ 阁楼卫生间最高处层高有3米，最适合做工业风，粗犷的水泥墙面、裸露的管线、马赛克瓷砖，着实让水泥爱好者任性一回。

④ 主卧超大的阳台原来是客厅的阳台，配置洗衣机、盥洗池，用设计师（也是屋主）自己的话，此处可以用来"赏花赏月赏秋香，洗衣洗鞋洗拖把"。

设计师软装搭配重点提示

1. 在灯具的配置上,设计师区别对待。客厅比较空旷,用黑色轨道灯增加空间的饱满度。餐厅中,用绿色吊灯为空间增色。主卧和卫生间中,以长线吊灯营造空间氛围。其余的照明器具均选用白色,以弱化灯具的存在感。

2. 为了给孩子营造安全舒适的家居氛围,室内家具均选用环保的实木家具,布艺为天然棉麻材质。

3. 在植物的选择上,以观赏性为主,最好不要带花,带花的植物会减弱日式风的意境美,琴叶榕、无花果树、散尾葵、绿萝都是不错的选择。

4. 在家具的挑选上,那些充满故事性的旧物,如旧餐桌、旧餐椅等,让屋子散发出不一样的魅力。

日式空间

05
心之所向
北欧风与日式风的协奏曲

凡是对自己的家上心之人，必然有过数以百计的想象，就像宠溺孩子的母亲一样，总想把所有美好的都留给孩子。本案的女主人阿童木就是这样的人，在装修之初做足了功课。她渴望拥有一个日式原木风的温馨之家，又向往极简的北欧风，希望设计师帮自己实现梦想。

全屋的总体色调以原木、米白等大地色系为主，既有北欧风的简约冷静，也有日式风的温暖清新。

设计师青岚认为，生活在房子里的是屋主本人，所有的设计都应首先遵从于屋主自身的喜好、需求以及生活习惯。因此，满足屋主内心的渴望是本案体现的主要思想。针对这一思想，方案在布局上力求合理，整体设计风格定位为北欧、日式混搭，在北欧和日式共通的简约基调上，保留日式风的自然温馨与北欧风的干净明快。

> 居住成员：2人
> 房屋面积：118平方米
> 房屋格局：3室2厅1厨1卫
> 主设计师：胡兰（青岚）
> 软装设计：胡兰（青岚）
> 设计公司：成都青岚室内设计
> 项目主材：强化复合木地板、彩色乳胶漆、木饰面、生态木吊顶、石膏板

开放式布局　增进家人交流

日式家居讲究LDK（客厅、餐厅、厨房）一体，原则上"能少一堵墙，绝不多一堵"，居住者可以用家具、简单的隔断进行软性区隔，以营造开敞的格局和便于家人随时交流的空间。在这个家里，设计师采用此种开放布局的设计手法，将客厅、餐厅融为一体，以沙发作为分界线，营造了明亮通透的视觉感受。

① 改造之前，客厅阳台与主卧阳台相通，功能分区不明，因此设计师用两面柜体作为空间的隔断，既增加了储物空间，又开辟出一间独立的健身区。

② 客厅采用整体吊顶，直接从电视墙延伸至餐厅，简洁而富有视觉延伸感，让整个公共空间更显通透宽敞。

③ 客厅的电视墙采用纹理鲜明的水曲柳板，每一块水曲柳板都经过设计师精心挑选与比对，尽量做到木纹一致，以达到协调统一的视觉效果。

④ 客厅一角，在保证空间采光度、通透性的前提下，利用米咖色的羽绒沙发分隔客厅和餐厅。

日式空间

②

③

④

低饱和度的色彩搭配

日式风经常被理解为"冷淡",很大程度上是由于色调的统一和大色块的运用。白色和原木色是最主要的色彩,大面积的白色可以让小空间看上去比较宽敞,放大视觉效果。木地板保留原木的色彩和纹理,家具也是浅色系的,整体配色上呈现低饱和度。

日式风和北欧风在配色上有明显的差异。北欧风在浅色系的基础上,通常会添加一些饱和度较高的红、黄、蓝作为点缀,而日式风则"保守"得多,最多选用一些绿植作为色彩点缀。

① 白蜡木的温莎单椅搭配长条餐凳，打破了一桌四凳的沉闷感。

② 餐桌选用木纹清晰的哑光白蜡木材质，保留木质本身的温润感。1.6米长的餐桌可供一家人享用美食，亦可作为工作桌，实现一物多用。

③ 主卧的设计延续客厅的简洁，原木家具搭配素雅的格子床品，凸显日式风韵。玻璃移门将卧室和阳台分隔成两个空间，看书、休息互不干扰。

④ 阳台是一处安静的工作区，左侧放置原木书桌，阳台的天花板特别采用生态木吊顶，与原木地板形成一定的呼应。

户型平面图

好想住日式风的家

设计师软装搭配重点提示

1. 日式家居在配色上基本呈现低饱和度，白色、原木色、米色是常用色，少有"大红大绿"的高饱和度亮色。

2. 在色彩点缀上，绿植是必不可少的。橄榄树、琴叶榕、天堂鸟、龟背竹等大型绿叶植物能够为空间带来盎然生机。

3. 浅色系沙发和原木家具让小空间没有压迫感，也让家变得无限温馨；矮桌、矮柜兼具隔断和收纳的功能。

4. 餐厅一桌四椅的常规搭配会让空间略显沉闷，想要有所突破，可以混搭不同造型的椅子，碰撞出不一样的"火花"。

① 次卧选用暖黄色乳胶漆，搭配原木家具，整个空间更显温馨；阔大的窗户将更多的自然光引入室内，保证良好的采光。

② 客房可满足临时的居住需求，设计师将小床靠窗摆放，未添置过多的家具，根据生活需要，可随时改动，灵活性较强。

③ 厨房呈 L 形，黑色的地砖与白色的墙砖形成鲜明的色彩对比；原木色橱柜起到调和作用，整个空间干净又整洁。

06

柠檬小屋

柠檬黄把家点亮

这间房子的主人是一对年轻的夫妻,房子是新买的,90平方米的空间说大不大,说小不小,筑建爱巢刚刚好。他们对新家有着独特的想法,起初设想的是素雅的日式风,但女主人西西担心日式风可能过于"冷淡"。因此,设计师大胆融入柠檬黄,呈现出不一样的日式家居风格。

客厅、餐厅通透明亮,家具大多选用未经雕琢的原木,让天然的木材与空气直接接触,保留材质本身的质感。

西西原本想要质朴的原木风格，在与设计师玫瑰舞的多次沟通后，决定在后期软装中融入些许北欧元素。房子的硬装周期比较短，简单地刷上大白漆，打造几个简单的柜子，设计师把大部分精力都放在后期软装上。西西与设计师一起走访杭州各大建材市场、家居店，想法也在这个过程中不断修正、完善。

在设计师看来，家居生活是一个长期积累的过程，在满足功能性、实用性和符合个人日常居住习惯的前提下，他相信这个家会慢慢变成西西梦想中的样子。

居住成员：2人
房屋面积：89平方米
房屋格局：1室2厅1厨1卫
主设计师：玫瑰舞
设计公司：杭州真水无香室内设计
软装设计：杭州真水无香室内设计
项目主材：实木地板、硅藻泥、木饰面、复古花砖、谷仓门

原木家具营造和风氛围

家里使用的家具大多是未经任何雕琢的原木，既没有上漆，也没有上色，让天然木材与空气直接接触，保留材质本身的质感。除了木质家具外，水洗棉麻沙发算得上客厅里的绝对主角，粗糙的棉麻与极简的原木家具相得益彰，不经意间混搭出一种慵懒的岁月感。

① 硅藻泥墙面夹带自然粗犷的稻草，清清爽爽；琴叶榕、仙人掌、水培龟背竹和春羽等绿植散发出夏日独有的自然气息。

② 水洗棉麻沙发是客厅的主角，粗糙的棉麻与极简的原木家具相得益彰；跳色的抱枕组合增加了空间的趣味性和时髦感。

③ 餐厅靠近大窗户，成为整个空间中采光最好的地方；白色百叶窗最大限度地将自然光引入室内，让空间更加明亮通透。

好想住日式风的家

① 餐厅的白蜡木餐桌椅组合搭配一旁的餐边柜和柠檬黄简约吊灯,整个空间看起来清爽宜人、精致优雅。

② 明黄色谷仓门与吊灯相呼应,为本就充满质感的日式空间注入丝丝活力。

③ 卧室没有繁复的设计,依然延续质朴的原木风格,入墙式衣柜不占据视觉空间,营造出舒适干净的睡眠氛围。

④ 卧室设计的亮点在于采用木地板上墙,作为床头背景,造型简约别致,与定制的木床融为一体,增加空间质感。

户型平面图

重整格局和动线,满足屋主的个性化需求

原始户型接近 90 平方米的三室一厅被设计师改造为一室一厅。动线也经过重新规划,是一个接近"山"字形的构造。从朝北的厨房出来,依次经过餐厅、客厅,穿过走廊,左手边经过电梯间,右手边则是玄关储物柜,然后是卫生间,直至朝南书房与卧室连为一体的大套间。

打通卧室与书房之间的隔墙是西西和设计师最引以为豪的地方。西西说:"几乎不太会有人到我们家串门,更不会有人来借宿。索性不要次卧,打通做一个大套间,让光影在屋子里乱窜。" 在卧室和书房之间用折叠式百叶门做隔断是非常成功的,片片百叶敞开,没有视觉上的隔阂感。

③

④

设计师软装搭配重点提示

1. 透光性极佳的百叶窗帘是日式风中较为常见的窗帘款式，不仅可以自由调整入户光线，而且几乎不占据视觉空间，集美观、实用于一身。

2. 在家具的搭配上，低矮的、浅色系原木家具是首选，可以很好地满足当下小户型对明亮、轻快的审美追求。

3. 极具观赏性的琴叶榕、生命力顽强的仙人掌，以及水培的龟背竹和春羽，多种绿植的点缀让室内洋溢着独特的自然气息。

4. 个性十足的挂画与壁饰挂件等软装小饰品会起到意想不到的装饰效果，同时彰显屋主的品位。

① 书房和主卧相通，中间以白色的活动百叶折叠门作为隔断，实现了空间的流动与分隔。流动则为一室，分隔则分两个功能空间。

② 书房没有多余的家具，小巧的沙发可以让人安静思考，禅意无限；旁边是一个小型工作台，闲暇之时，女主人西西也会在这里做手工。

③ 挂画与壁饰挂件的点缀给居室带来意想不到的装饰效果，复古单椅、趣味挂画、艺术品的交织，让室内每一处都流淌着优雅的气息。

日式空间

②

③

好想住日式风的家

07
高叔一家的幸福生活

打通客厅、餐厅和阳台，空间放大一倍

这间房子里住着一个幸福的三口之家，父母已年过半百，女儿刚二十出头，正值妙龄。三个相爱且相互独立的成年人共同生活在110平方米的空间内。房子里，线条是简约而利落的，色彩是温润而质感的，材质是天然而舒适的，充满美好的烟火气。

客厅、餐厅与阳台相通，阳光和空气可以自由流通，在视觉上更加明朗开阔。顶面不做任何装饰，装上简单的吸顶灯和吊灯，保留原始的层高。

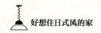
好想住日式风的家

设计之初屋主就提出要有足够的储物空间，如主卧要配置衣帽间，最好还能腾出一个杂物间等。设计师骆健充分尊重屋主的意见，在保证房间通透性的前提下，打造了大量实用又美观的储物柜。入户鞋柜、电视墙旁的储物柜、餐边柜、卧室的衣柜等统一为颗粒板，整个空间看起来异常清爽。

> 居住成员：3人
> 房屋面积：110平方米
> 房屋格局：3室2厅1厨2卫
> 主设计师：骆健
> 设计公司：成都梵之设计
> 项目主材：实木复合地板、彩色乳胶漆、木饰面、百叶窗、水泥地砖

打通客厅、餐厅和阳台，营造通透的格局

为了贴合日式家居简约通透的调性，空间感的营造是设计师骆健考虑的重点。在原始格局上，设计师做了几处比较大的改动，如拆除客厅、餐厅和阳台之间的墙体，使公共区域变得更加开敞，采光和通风也随之变好。又比如，把主卧的阳台改成衣帽间，并在主卧与衣帽间之间打造一扇门；原衣帽间的位置改为杂物间，杂物间的门移至过道。改造后的空间，格局更加合理、动线更加流畅，也满足了屋主的基本需求。

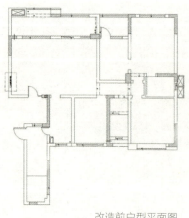

改造前户型平面图

改造后户型平面图

日式空间

① 无需过多的软装点缀,保持家具材质和风格上的统一即可。白色的墙面搭配原木地板和餐桌椅等,以营造平和舒适的氛围;风扇吊灯是餐厅的一大亮点,整排餐边柜满足收纳需求。

② 浅灰色的布艺沙发低调优雅,辅以低饱和度的彩色抱枕,提亮空间;窗帘选用可调节光线的原木百叶窗,不占据视觉空间,清清爽爽。

厨房延续整体的设计风格，原木色的整体橱柜搭配白色的操作台面；双开门冰箱内嵌，并与橱柜齐平，整个空间整洁有序。

细心设计 注重收纳

屋主非常注重家居的收纳功能。设计师在室内规划了多处木作柜体，从入户的鞋柜到电视墙旁边的整排书柜、阳台的顶天立地收纳柜，再到衣帽间的整屋衣柜，每一处空间都得到合理利用，妥善解决屋主一家的收纳问题。全屋柜体统一使用浅色系的颗粒板，以提升空间的整体感和协调性。

① 主卧是父母的房间，从地板到背景墙，再到床品、窗帘，均运用低饱和度的色彩，营造舒适安详、宁静致远的空间氛围。

② 将主卧的阳台改为衣帽间是设计师的一大创意；整屋的顶天立地柜让收纳不再是难题。靠窗处专门设置一排矮柜，既保证室内采光，又将空间利用最大化。

好想住日式风的家

① 次卧是女儿的房间，在配色上较为丰富，淡粉色的墙裙刚好高过床背，黄铜床头柜和蓝色的单椅巧妙地点缀空间。飘窗的蓝色包边是女儿最满意的地方。

② 淡粉色的墙裙是空间的一大亮点，搭配简约挂画、白色衣柜和天蓝色的条纹床品，清新活泼，充满少女情怀。

③ 书房依旧是清新的原木风，书柜、书桌、书架、书椅统一为原木色，整体感非常强，光线穿过原木百叶窗帘，让空间顿时飘逸起来。简单放置一款沙发床，朋友来时亦可作为客房。

设计师软装搭配重点提示

1. 客厅、餐厅、书房的窗帘均定制了木质百叶窗。百叶窗不仅可以自由调整光线，也不占据墙面空间，外观朴实自然，是营造日式风不可或缺的软装元素。

2. 在灯光配置上，以弱化灯具的存在感为准则。在充分利用自然光源的情况下，设计师只选用简单的吸顶灯、吊扇灯和落地灯，局部使用射灯，让顶面空间层次分明。

3. 室内无需过多的装饰，建议以白色为基底，通过原木家具和富有特色的软装饰品，如原木小挂钟、原木落地灯、禅意挂画、绿植等，营造日式家居氛围。

好想住日式风的家

08
再造空间
把村上春树的书房搬回家

这套房子的屋主是一名编辑，她喜欢干净素雅的空间，追求简单的生活，并拥有丰富的藏书，格外中意于村上春树的书房布局。因家庭成员比较简单，设计师打破框架，重组结构，试图把村上春树的书房搬回家，将梦想照进现实。

因为屋主的职业关系，本案采用大面积的书墙设计，通过做减法的方式，赋予空间清爽利落的视觉感受。

简线室内建筑是南京一家独立的设计工作室，主持设计师小林薰在设计这间房子时，除了满足屋主对空间藏书的需求外，将重心放在原始结构的改造上。拆除多余的墙体，将 3 室改为"2+1"的套房模式；运用精致简约的设计方式，遵循朴素克制的设计理念，营造出极简的家居氛围。

> 居住成员：2 人
> 房屋面积：110 平方米
> 房屋格局：2 室 2 厅 1 厨 1 卫
> 主设计师：小林薰
> 设计公司：南京简线室内建筑
> 施工配合：米兰装饰
> 项目主材：实木复合地板、白色乳胶漆、KD 饰面板、折叠门、小白砖、防水石膏板

重整格局 再造空间

房屋原始结构为传统的 3 室 2 厅，格局存在两个明显的缺陷，一是与主卧相邻的书房面积过小，二是卧室区域有一条狭长的过道。针对这两个问题，设计师打破传统框架，进行结构上的重组。首先，拆除书房与主卧之间的墙体，代之以活动折叠门，将主卧设计为"豪华"套房，功能性极强。

其次，在通往卧室的廊道做了整面墙体的下移，在另一侧设置整面储物柜，作为补充书柜。

① 入口处是一个狭长的空间，设计师选择成品活动家具来做收纳；网红仙人掌和虎尾兰搭配牛皮纸花盆，进门就能感受到家的自然气息。

② 客厅书墙近景，木工现场做了柜体的基层，表面使用 KD 饰面板。材质上除了 KD 饰面板，还使用折弯的黑色钢板做柜体的收纳设计，黑色与木色的搭配平衡了多元化的色调。

书才是家最好的装饰品

因为屋主的职业关系，家里有不少的藏书，她希望书柜足够多，能容得下自己的藏书。因此，空间的设计亮点在于大面积的书墙设计，客厅、餐厅的书墙既统一又有区别，并使用相同的材质，原木色、白色、黑色相得益彰，使整个墙面彰显出规则与秩序。

摆满喜欢的书籍，随手拿取，一间藏满书的家会成为屋主的精神领地，足以抵挡外部世界。

① 餐厅的背景墙上设置错列的开放式书架，与客厅保持整体上的统一。中间采用石膏板做造型，避免整墙书柜带来视觉上的疲劳感，同时丰富墙面层次。

② 餐桌旁边的岛台可以充当备餐柜，背部做了抽屉和柜门，可用作餐具和日用品的收纳，拓展了餐厅的功能。

③ 厨房的墙面铺贴 10 厘米 × 10 厘米的白色小方砖，以黑色美缝剂勾缝，瓦工师傅贴了五天才完工，最后呈现的效果很棒。墙面的木质搁板上可以存放调味罐等，方便做饭时拿取。

④ 白净的基底下，无论天然的木元素，还是质感的黑色调，鲜明的色彩对比带来了清爽利落的视觉感受。

设计师软装搭配重点提示

1. 玄关是展示屋主品位的关键地方，想让玄关给人眼前一亮的感觉，可以尝试摆放一些高颜值的绿植。

2. 书籍的装饰效果不容小觑，打造一面书墙或简单布置几个置物架，将平时的藏书摆放起来，会大大提升整个空间的气质。

3. 书房的隐形床极大地提高了空间利用率，有客人来访时可以作为客房使用，小户型空间可以学习借鉴，但造价偏高。

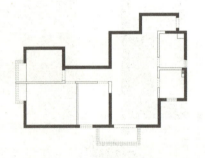

改造前户型平面图

改造后户型平面图

①

②

① 主卧的改动较大，拆除主卧与书房之间的墙体，将其打造成多功能套房；在原墙体的位置做了4扇2厘米厚的折叠门，顶部预留暗藏轨道。套房在布局上同时满足休息和工作的需求，功能性十足。

② 在书房的两侧书柜之间定制一个1.2米×2米的隐形床，有客人来时，打开中间的折叠门，可作为临时的客房使用；每一寸空间都得到合理利用。

③ 次卧延续极简的设计，定制了榻榻米，设计的亮点在于榻榻米和书桌巧妙地融合在一起，增加了空间的一体感。每个空间都少不了书的装饰，墙面上的搁板置物架让屋主的书得以安放和展示。

好想住日式风的家

日式空间

09
安之若素
文艺女青年的日式混搭公寓

屋主是一个只有 27 岁的年轻平面设计师，拥有一定的眼光和情怀，且兴趣十分广泛，喜好工笔画、书法、手工陶艺，以及一切与传统文化相关的美好之物，因此，希望将这份雅致融入家居设计，让家成为由内向外的自我投射。设计师根据屋主自身的气质与要求，成功打造了这个小面积的文艺空间。

整个空间的色调以大地色系为主，回归自然；深浅不一的木作搭配丰富了空间层次；电视墙采用原木地板上墙，柔和的色彩在视觉上给人以愉悦感。

作品之所以命名为"安之若素",不仅指空间上的干净,更意味着一种安然雅致的生活态度。本案设计师靳泰果在与屋主进行多次沟通之后,根据屋主的实际需求与个人气质,将居室风格定位为禅意日式,并在设计中适当融入一些现代元素。

> 居住成员:1人
> 房屋面积:110平方米
> 房屋格局:4室2厅1厨2卫
> 主设计师:靳泰果
> 执行设计:陈磊、高静
> 设计公司:成都境壹空间设计
> 项目主材:实木地板、水泥地砖、白色乳胶漆、木饰面、防水乳胶漆、榻榻米、障子门

将屋主的爱好融入家居设计

屋主是典型的文艺女青年,爱好广泛,尤其喜欢传统文化,如工笔画、手工陶艺、书法等。在设计之初,设计师希望在家里运用一些特别的表达手法,加入"我"的元素,将空间设计与屋主的爱好完美结合。空间内的很多挂画都是屋主亲自绘制的;客厅的沙发背景墙上专门设置了两块木格子,一方面为了贴合整体软装搭配,另一方面充分展示屋主平时制作的陶艺作品,让家尽显独一无二的个性。

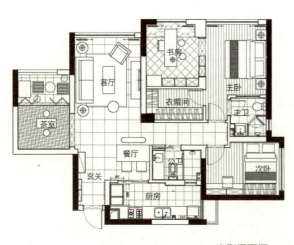

户型平面图

① 富有质感的布艺沙发、小巧的原木边柜和茶几、远山禅意挂画、剑麻地毯,在这样的空间里可以充分体味传统文化的深邃意境。

② 屋主爱好手工陶艺,沙发背景墙上的陶瓷摆件都是她亲手制作的,小巧精致,充满艺术气息。

③ 客厅旁边的阳台改成榻榻米茶室,搭配轻质的障子门,带出日式禅韵,平日是屋主和朋友品茗喝茶的休闲处所。

日式空间

①

②

③

传统与现代的交融

屋主喜欢传统的雅致,向往"你若盛开,清风自来"的意境之美,希望劳累烦琐的工作之后,家能成为自己的"避风港"。设计师充分尊重屋主的意见,在软硬装的搭配上,尽可能运用自然元素(原木家具、绿植),营造返璞归真的空间氛围。

虽以传统为打底,设计师却不苟泥于此,大胆将现代设计语汇融入设计。简洁流畅的动线规划、线条利落的现代家具、自然环保的新型材质运用在空间各处,将形而上的传统与形而下的现代完美地融合在一起。

① 餐厅造型简单,原木餐桌椅在色系上有着微妙的深浅过渡,体现出设计师的小心机;两盏线条感十足的黑色吊灯混搭出不一样的美感。

② 餐厅与厨房之间用玻璃移门隔开,增加了空间的通透性。厨房呈"一"字形,看起来规整有序。

③ 主卧在白色和原木色中融入高级灰,让睡眠区既舒适又静谧。

④ 因为家里平常只有小两口,所以设计师打通主卧与相邻的书房。借用飘窗位置,设计师专门定制了一张古色古香的桌子,成为屋主画画、习字的安静角落。

设计师软装搭配重点提示

1. 在进行软装设计时,将代表屋主个人特质的物件融入家居空间,如陶艺作品、画作等,赋予家更多的个性色彩,彰显与众不同的魅力。

2. 想要营造更加浓郁的日式氛围,可以像本案屋主一样,拿出一间屋子,改造成日式和室,搭配上轻质的障子门,和风禅意自然而生。

3. 空间内除了常规的绿植点缀外,比较引人注目的是颇具代表性的日式插花,或是旁逸斜出的一枝,或是行云流水般的干树枝,造型虽简单,却像中国的水墨画一样,渺渺数笔,韵味无穷。

①

②

① 书房近景，桌上枯黄的文竹有行云流水般的静态美，搭配背后抽象现代挂画，营造出悠远禅意的视觉效果。

② 主卧与书房之间采用镂空书架进行分隔，既不破坏空间感，又能形成"隔而不断"的效果。

③ 次卧功能性极强，定制的榻榻米地台和衣柜收纳功能强大，能够满足屋主的日常储物需求；旁边预留出工作角，巧妙利用角落空间。

④ 墙上的置物架排列得错落有致，搭配一张学习桌和充满活力的天堂鸟，一个人静静地读书，实在是最惬意不过的事情了。

日式空间

10

鹧溪小隐

朴素自然的日式原木风

屋主是一对年轻的夫妻,两个人总是充满朝气,脚步不偏不倚、不急不缓。这样的他们,正适合日式风浓郁的家——朴素而美好,纯真且自然。这个家坐落在高楼层的都市空间,双阳台的良好格局使得屋主既可俯瞰摩登的场景,又能坐享自在的精神世界。

将原木家具贯穿整个空间,搭配纯白色的墙面和原木地板,给人"空无一物"的极简感。空间布局上,将阳台并入客厅,在视线的串联下,视野依层次延伸。

当"生活家"这个词被越来越多的人谈起,那并不意味着真正的生活家越来越多,反而可以理解为,身边真正的生活家着实少之又少。这间房子的屋主身处繁忙的工作之中,却对寻常的生活充满浓厚的兴趣,时刻捕捉到平凡生活之美。在设计师秦江飞的眼中,他们才是当之无愧的生活家。

> 居住成员:2人
> 房屋面积:120平方米
> 房屋格局:3室2厅1厨2卫
> 主设计师:秦江飞
> 设计公司:南京北岩设计
> 项目主材:实木复合地板、白色乳胶漆、彩色乳胶漆、黑板漆、防滑地砖

双阳台的通透格局

房子坐落在高楼层,格局上有明显的优点,如南北通透的格局、动静区域的明显划分,但最吸引屋主的还是客厅的双阳台采光,以及主卧的超大圆弧形阳台。良好的采光能够满足白天的日常照明而不用开灯,既节能又环保。因此,在多个空间中,设计师采用无主灯设计,弱化灯具的存在感,让生活回归本真与自然。

① 入门处,设计师简单放置了一个原木玄关柜,细条纹格栅隐约呈现出木质原始的色泽和质感。

② 电视背景墙造型简单,原木电视柜搭配日式布艺三脚架落地灯,朴素而美好。

阳台采光极佳,设计师将此处打造成开放式书房,一桌一椅,一书一茶,方寸之间便是整个世界。

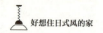

极简的配色与软装布置

在色彩搭配上,设计师遵循"少即是多"的原则,全屋仅使用两种颜色——白色和原木色,营造出淡雅禅意的日式风情。白色的墙面、布艺沙发和床品;家具多以木元素贯穿,而木头是可以呼吸且自带温度的,尽显家居的温馨与质感。

在软装布置上,"宁缺毋滥",大多选取小而美的物件,禅意挂画、日式花艺与茶具等,让空间在生活感与艺术性之间穿梭。

户型平面图

②

③

① 餐厅是屋主最喜欢的地方，极具对称美感，水墨挂画搭配简约的吊灯和茶具，共同营造出安静淡雅的氛围。白色吊灯处于中心位置，起到凝聚视线的作用。

② 主卧的落地窗呈圆弧形，设计师因地制宜，特意选择一张白色的圆形双人床与之搭配，与绘有山水画的衣柜相互衬托，营造了世外桃源般的悠远意境。

③ 在空间的配色上，以白色为主，白色的墙面、白色的吊灯、白色的床品，极具纯净之美。

设计师软装搭配重点提示

1. 全屋从天花板到四周的墙壁皆使用白色,家具和地板统一选用原木色系,勿使用突兀的亮色,以免影响整体风格。

2. 客厅、卧室均采用无主灯设计,小空间更显通透;在天花板上嵌入筒灯,辅以原木落地灯和台灯,营造出温馨的空间氛围。

3. 在家具的选择上,以木质元素为主,以展现居室的温润及质感;不建议使用太深的木皮色系,容易使空间显得沉闷。

4. 极简不仅仅是舍弃无用的,更要合理利用,容量和功能强大的收纳系统是打造极简家居的利器。

① 老人房延续整体的简约设计,原木家具搭配素色床品,素雅清静;全屋窗帘统一采用白色布帘,更显温柔雅致。

② 在儿童房入口处特意设置一个小黑板,孩子可以在此充分发挥创造力与想象力。

③ 走廊狭长,设计师在其中花了不少心思,天花板做了木条造型,以强化空间感;在儿童房内预留小窗,以增加采光;在走廊尽头的墙面上做艺术造型,并搭配重点照明。

好想住日式风的家

日式空间

11
森时代
100平方米的混搭新日式

不同于普通婚房的设计,这间房子的夫妻俩都比较喜欢日式风的简洁与温馨。设计师巧妙融入多种风格的设计元素,如北欧的线条感、台式优雅大气,混搭出不一样的日式风情。充沛的光线在室内自由流动,晕染出独特的生活气息。

入口处将玄关柜和中岛相结合是全屋设计的一大亮点,玄关柜既承担起隔断的功能,又解决了进门正对卫生间的尴尬难题。

谈到日式风，自然使人联想到无印良品、极简与空无一物。在这个 100 平方米的两居室中，设计师汪纬伦演绎出不一样的日式风。开放式的布局保证了光线以及空气的自由流通，镜面玻璃移门、铁艺隔断、玄关柜与餐厅导台相结合，大胆创意的设计手法拉近了屋主"理想与现实之间的距离"。

居住成员：2 人
房屋面积：100 平方米
房屋格局：2室2厅1厨1卫
主设计师：汪纬伦
设计公司：上海鸿鹄设计
项目主材：实木复合地板、白色乳胶漆、木饰面、榻榻米、铁艺隔断、镜面推拉门

拆除多余墙体 打造通透格局

因为平时只有两人居住，屋主希望空间既通透又自由。设计师将室内所有的非承重墙全部拆除，如将书房改造成开放式的布局。拆除之后的格局变得更加方正，南北光线可以直接洒入室内，保证了通透自由的视觉感受。配色简洁，原木地板、橡木色柜体、白色墙面，整体显得十分和谐。

开放式的布局也令各功能区的连接灵动而紧密，入口处的玄关柜既可以缓冲视线，又解决了进门正对卫生间的尴尬难题；北面的榻榻米书房，完全做成开放式，可与客厅共用，整个空间没有丝毫压抑感。

① 卫生间做到四式分离，干区的橱柜和台面完全腾空，保持地面的洁净；铁艺隔断的设计使空间看起来更加通透，又不失隐秘性。

② 不对称的装饰储物柜代替了传统的电视背景墙，足以满足屋主的藏书需求；客厅中安装了投影仪与显示器，放下幕布，客厅即能转变成家庭影音室。

③ 拆除多余的墙体，整个公共空间通透明亮；简约的吊顶设计让客厅拥有充足的采光，并使进深及视觉效果无限放大。

整面书柜满足屋主需求

夫妻两人平时喜欢读书、看电影，在装修之初就希望有一整面的书柜来存放书籍。根据屋主的意见，设计师非常重视空间的功能性与美观性，将电视背景墙设计成不规则的储物柜，既满足屋主的收纳需求，又不失时尚美感。橡木色的板材搭配纯白色的烤漆门板，配色温和，也与室内整体配色相协调，呈现出简约利落的视觉效果。

① 餐厅是全屋改动最大的地方，设计师采用现代设计手法，使餐厅不仅仅是吃饭的地方。餐厅兼吧台的设计实现了客厅到餐厅的完美过渡，成为屋主最满意的场所。

② 北边的小书房改造成开放式榻榻米，榻榻米与地板齐平，摆上小茶几，工作时拉上双层隔断窗帘，就是一方安静的小天地。

③ 卧室尽显日式风的简洁与淡雅，在配色上仍以白色、原木色为主，局部以灰色点缀；照明上，采用无主灯设计，床头设有灯带，顶面两边的筒灯足以满足平时的采光需求。

④ 卧室的床也是量身定制的，床头柜做挑空处理，释放更多的地面空间；床尾设计有独特的收纳柜，便于放书；飘窗留白，无形中放大了整体的视觉效果。

户型平面图

12
有氧

古董房变身日式极简三居室

本案是屋主的婚房,也是对学区房的翻新改造,屋主希望设计师为其打造一个可以尽情放松身心的家。全屋设计围绕业主最爱的两个元素——原木色和绿色展开。在满足功能需求的前提下,设计师摈弃所谓"设计感",最终达成一种极简、纯粹的美。

客厅靠窗的休闲区是屋主和设计师最引以为豪的角落,一盏精致的落地台灯、一张舒服的日式躺椅、几组自由摆放的书架,闭目养神或休闲阅读,都很适宜。

大面积的留白、精致的原木家具、素雅的格纹元素……看到这个日式简约风格的家，很难想象它是一个老房改造项目。这就是K先生的温暖小家，容得下两个人的喜好与生活习惯，不跟风、不盲从，在设计师王晨的帮助下，一步一步实现了理想中的栖身之所。

> 居住成员：2人
> 房屋面积：100平方米
> 房屋格局：3室2厅1厨1卫
> 主设计师：王晨
> 设计公司：南京嘉维室内设计
> 软装设计：南京嘉维室内设计
> 项目主材：白色乳胶漆、实木复合地板、木饰面、木质模压柜门

"少即是多"与收纳大法

设计师尝试在空间处理上做"减法"，遵循"少即是多"的原则，摒弃不必要的装饰，让空间呈现其本来面目。墙面做大面积留白，简单刷上白色的乳胶漆；顶面不做任何造型，甚至将两间卧室的门同时隐藏于电视背景墙之中。

配合空间的"减法"，设计师将收纳贯穿始终。收纳是日式家居的重中之重，大大小小的收纳柜、收纳筐、置物架必不可少。客厅阅读区的组合式收纳柜是一大亮点，可随时变换不同的造型；餐桌旁定制的整排收纳柜将冰箱融入其中，无形中拓展了厨房的功能。

户型平面图

① 客厅、餐厅在一条直线上，动线合理，整个公共区域视野开阔，设计师以简洁而含蓄的设计语言传达出对简单生活的热爱。

② 客厅纯净的白色墙面搭配原木色家具，没有多余的装饰和浮夸的设计；沙发背景墙上的两幅绿植挂画点亮了空间。

原木家具营造日式和风

空间低饱和度的配色得益于室内大量原木家具的运用，无论客厅的木地板、茶几、电视柜，餐厅的餐桌椅和餐边柜，还是卧室的双人床，设计师均选择浅色系的原木，同色系、同材质的搭配无形中起到放大空间的效果。想要营造日式禅意家居氛围，原木家具是必不可少的元素。

① 进门玄关的设计奠定了空间的整体基调：日式极简。视力所及的范围内只有纯白色和原木色，空间感极强。

② 餐厅延续客厅的简约设计，整面餐边柜的设计拓展了厨房的功能，将厨房的电器、杂物全部收纳在柜体之中，营造清爽的视觉效果。

日式空间

① 主卧背景墙上做留白，融入屋主喜欢的原木色和绿色，为室内增添色彩。墙上的多肉挂画调和了居室氛围，带出些许活力。

② 在书房靠窗的位置，设计师特意定制个双人书桌，满足两人同时工作的需求。小两口平时都热爱摄影，在空白的墙面上设置软木相框展示区，打造成两人的回忆墙。

13

满怀深情与空无一物

现代日式三居室的"断舍离"

之前的老房子里住着一个"怪物"——每到冬天,家里的椅子、沙发等处就会"长"出衣服来,而且繁殖力惊人,成功做到了"家有多大,衣帽间就有多大。"于是屋主S先生痛定思痛,严格贯彻"断舍离",决定扔掉一切多余之物。

为了保证空间的通透性,设计师采用开放式布局,客厅、餐厅一体,素雅的色彩搭配,利落的线条感,室内每一处都散发出日式禅韵。

好想住日式风的家

屋主喜爱极简利落的风格、自然朴实的设计，无须昂贵的建材或装饰。本案的主设计师胡星以原木材质为主轴，带出自然温润的质感；在配色上，以白色和原木色为主，点缀绿植做装饰，运用巧妙而有趣的搭配法则，令空间产生宁静却不乏味的视觉感受。

> 居住成员：1人 + 小狗"奥利"
> 房屋面积：120 平方米
> 房屋格局：3室2厅1厨2卫
> 主设计师：胡星
> 设计公司：成都欢乐佳园装饰
> 项目主材：实木地板、饰面板、鹅卵石、青石板、木饰面、谷仓门

自然元素的巧妙运用

将自然元素融入设计是空间的一大亮点，体现了设计师对日式风的理解。除了大量木质元素的运用外，竹、藤、麻、石等天然材料散落各处。玄关的处理上也别具匠心，大块的青石板搭配鹅卵石，将自然野趣带入室内，让人入户就能感受到自然之趣。此外，龟背竹、琴叶榕、千年木等大型绿植点缀其间，足不出户就能感受到大自然的气息。

整个空间的配色偏重原木色以及竹、藤、麻等天然材料的颜色，形成素朴的自然风格；原木百叶窗帘的使用让日式氛围更加浓郁。

大块青石板结合白色鹅卵石的设计有户外庭院的感觉，一侧鞋柜的设计也很别致。

户型平面图

分散式的柔和布光原则

灯光层次也是奠定日式风的关键，设计师在灯光氛围的营造上主要采用无主灯设计，虽然灯具的存在感有所降低，但灯光的层次却丝毫不受影响，且在灯具的选用上混搭北欧元素。如客厅，大面积的窗户可保证白天室内拥有充足的自然光源，两排可调整照射角度的轨道灯以及点状筒灯可满足夜晚的照明需求。

卧室的灯光设计则更加立体，综合运用轨道灯、筒灯和吊灯，简约的黑色灯身与白色的墙面形成强烈的视觉冲击，让灯具成为家居空间的重要装饰。

① 厨房结合西式厨房的操作台与中式厨房的烹饪区，实现中西厨共存。屋主既可以烹饪美味的中餐，又能享用简单的西餐。

② 进门转角处与西厨衔接得非常紧密，西厨墙面的复古花砖让空间显得更加灵动；无把手的柜体设计不破坏整体感。

③ 卧室呈现出极简的视觉效果，在色彩搭配上以白色、灰色、原木色为主；床头的设计也很别致，将床头柜融入其中，节省视觉面积。

④ 无主灯设计延续至卧室，轨道灯、筒灯、吊灯相互补充，打造立体式照明空间。

好想住日式风的家

14
活在梦里

83平方米的日式原木小三居

屋主是对生活、对家充满热爱之人，平时喜欢健身、做饭、读书、追日剧；在日本多次的旅行中，受到日本文化的熏陶，对今后的家也渐渐有了清晰的规划，比如，生活可以很简单，但一定要舒适；东西不必太多，但一定要精致；房间各功能分区明确等。设计师根据屋主的需求，将整体风格定位为简洁舒适的日式风。

由于室内面积并不大，设计师尽可能简化一切设计，让空间与屋主一起成长。两张可调整角度的日式躺椅、原木小茶几和组合置物架，尽显日式风的简洁实用。

生活中有太多繁杂的人和事需要面对。设计师徐健想给屋主打造一个安静的家，能让她沉淀下来。于是，尽可能简化一切设计，强调实用与功能性，简单的材质和配色，有趣的家具配置，小空间也能拥有大格局。

> 居住成员：1人
> 房屋面积：83平方米
> 房屋格局：3室2厅1厨1卫
> 主设计师：徐健（独立设计师）
> 设计公司：无锡一檩设计
> 项目主材：实木复合地板、白色乳胶漆、木饰面、榻榻米、障子门

原木材质 舒适氛围

为了避免小空间带来的压抑感，设计师在材质的选择上尽量简化处理，大量的木元素搭配纯净的白色，营造出洁净通透的视觉感受。可调整的小型日式座椅代替传统沙发，原木餐椅与长凳的组合搭配，让小空间变得灵活有趣。

设计师深知储物对于小空间的重要性，所以电视柜选用多功能的收纳组合柜，让书籍和杂物得以妥善摆放；延伸至厨房的柜体解决了厨房电器、杂物的摆放问题，整屋呈现出简约舒适的氛围。

① 白墙搭配高低组合储物柜，满足了屋主看书和日常小物品的收纳需求；妥善摆放的书籍和大小不一的收纳筐尽显日式风的和谐之美。

② 客厅、餐厅在同一空间，在照明的配置上，根据屋主的要求，设计师特意选择这款造型夸张的黑色双头壁灯，光源一头打在沙发，一头照亮餐厅，成为公共空间的视觉焦点。

③ 沙发一角，大型的天堂鸟搭配藤编储物篮，给居室带来一抹绿意，净化空气的同时，也点亮了整个空间。

日式空间

户型平面图

空间布局 以人为本

83平方米的空间内，屋主要求三房（主卧、次卧、书房）的基本格局不能改变，因此，空间格局调整的可能性非常小，设计师只能通过一些细节优化来完成。设计师从面积较小的厨房着手，根据屋主平时的饮食习惯，规划成开放式的餐厨空间，重新建构一个动线流畅的舒适格局。厨房的吧台可以作为备餐区，也可以在吧台上喝咖啡、阅读、听歌。

次卧改造成榻榻米，以增加更多的收纳空间。卧室的移门特别选用日式轻质障子门，让空间更加通透，也使狭长的走廊不显沉闷。

① 厨房采用开放式布局，以避免小空间带来的压抑感；墙面铺贴白色的小方砖，再次放大空间感。专门定制的原木吧台台面，搭配三联薄荷绿小吊灯，美观与实用并存。

② 丰富的储物柜解决了厨房杂物的收纳问题，营造出清爽洁净的视觉感受。

① 主卧的设计简约实用,白色墙面搭配原木家具,营造了温馨舒适的睡眠氛围,定制的储物柜解决了屋主衣物的收纳问题。

② 主卧靠墙处放置一款功能性极强的梳妆台,梳妆台的台面可灵活收放,台面放下亦能作为书桌。

③ 设计师将洗衣区移至阳台,一方面解放了狭小的卫生间,另一方面洗完衣服可直接在阳台区晾晒,动线更加合理。

软装提案 Schemes of Home Furnishing

色彩怎么搭?

家具怎么选?

灯具怎么挑?

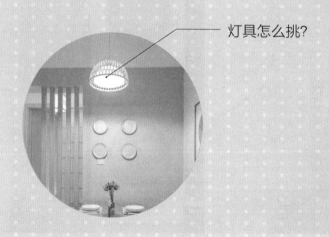

布艺织物怎么选?

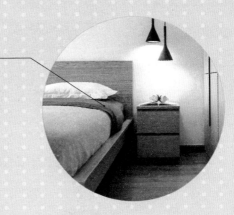

花艺、绿植怎么挑?

挂饰怎么配?

色彩怎么搭?

日式风最大的特点是注重自然质感,配色上讲究协调统一。以原木色为主,通常与白色、米色、浅咖色、淡灰色等素雅的色彩组合搭配,局部点缀绿植,营造干净清爽的家居氛围。

白色的墙壁搭配原木色地板与家具,清新的绿植点缀其中,淡雅的配色让空间倍显雅致。(图片来源 重庆豫信装饰)

1. 色彩搭配的比例

日式空间中，色彩按照所占面积和重要度可分为背景色、主体色和点缀色。这三类颜色在空间中扮演着不同的角色，所占比例也各不同。其中，背景色占60%，主体色占30%，点缀色占10%，三者相辅相成。

整个空间以白色、原木色为主调，浅灰色、绿色点缀其中，完美体现6∶3∶1的黄金比例。（图片来源：成都梵之设计）

2. 背景色

背景色多为白色和原木色等浅色系，适用于天花板、墙面和地面，在室内占据较大的面积，起到奠定空间基本风格和色彩印象的作用。

背景色为白色墙壁、原木色地板，适度留白，尽量追求心灵上的满足，舍弃外在的表现及多余的负担。（图片来源：南京嘉维室内设计）

原木色与灰色在色彩关系上单纯和谐，彼此协调，衬托出空间的朴素、典雅。（图片来源：杭州真水无香室内设计）

3. 主体色

原木色与高级灰作为空间的主体色，是日式家居空间中出镜率较高的两大颜色，多用于家具等中等面积的陈设上。原木色与灰色忠诚于自然本质，彰显出素朴、雅致的品位，作为过渡色能很好地强化整体风格。

4. 点缀色

多选用绿色、蓝色、黄色等亮色作为空间的色彩点缀，以活跃气氛。通常应用于体积小、可移动、易于更换的物体上，如抱枕、织物、花卉、绿植等。虽然点缀色的面积不大，但在室内具有极强的表现力。

清新的绿植挂画与可爱的水果抱枕巧妙搭配，展现日式家居无拘的随性感。（图片来源：南京熹维室内设计）

5. 日式家居空间色彩搭配推荐

推荐色彩搭配（1）：白色＋原木色＋绿色

背景色为白色墙面、原木色地板；主体色亦为清透的浅原木色家具；点缀色采用绿色植物，将大自然引入家中，整体色彩搭配清爽自然。

背景色	墙面	
	地板	
主体色	家具	
点缀色	植物	

推荐色彩搭配（2）：麻灰色＋原木色＋浅灰色＋蓝色

麻灰色与原木色搭配在一起，有暖暖的阳光味儿。背景色为麻灰色墙面、原木色地板，麻色地毯与墙面颜色相呼应；主体色为原木家具、浅灰色布艺沙发；点缀色为宝蓝色单人椅、蓝白条纹抱枕等，灵动的配色让空间倍感舒适。

背景色	墙面	
	地板	
	地毯	
主体色	家具	
	沙发	
点缀色	单椅	
	抱枕	

家具怎么选?

日式家具的布置讲究一种"禅意",强调人与大自然的和谐。善于利用低矮家具的上部留白营造广阔的视觉效果。纹理可见且只经过清漆处理的原木家具是必备之选,同时,家具造型尽量简洁,以营造舒适感。

低矮的原木"小细腿"茶几以其简洁的线条感和轻盈的设计感成为日式家具中的"当红明星"。(图片来源:成都蔓屋设计)

1. 日式家具的总体特点

◎ 日式风的极简感来源于降低家具的存在感，故压低一切重心。多选用较为低矮的原木家具，实用美观的同时，不占据视觉空间。

◎ 家具多采用原木材质，形态简洁，以直线为主，极少装饰，为空间集约和结构服务。

◎ 家具讲究一种轻盈感，多选择外开"小细腿"的款式，以保持空间的通透性。

◎ 非常重视家具的功能属性以及收纳性。

线条走向非常严谨，并以线造形，打造日式风的极简感。（图片来源：网络）

浅色系的原木餐桌椅搭配竹编吊灯和花艺摆件，极具日式风的禅意与雅致。（图片来源：成都梵之设计）

2. 家具材质的选择

在选材方面，日式家具格外注重材料的自然质感，通常选用清新、干净的木材，如榉木、白橡木、水曲柳、榆木、胡桃木等，细微之处与大自然做亲切交流。

设计师避免使用厚重且大件的家具,小巧的原木家具灵活又实用,清爽之余,木质的温润感带出一份暖意。(图片来源:南京北岩设计)

3. 家具颜色的选择

日式家具以浅色系为主,如原木色、白色、米色、浅灰色等。可与地板颜色接近,亦可与墙面、饰面板的颜色接近,清晰的纹理、淡雅的色彩和清新的格调让空间显得禅韵静定。

4. 日式特色家具单品推荐

(1) 高靠背可伸缩布艺沙发

材质: 涤纶、层压板、乳胶

特点: 腰部和头部添加斜靠功能,便于使用者自由调节角度,坐、卧舒适;高靠背的设计让整个身体得到充分放松。此款单人沙发是营造日式风的必备单品。

(图片来源:网络)

（2）懒人沙发

材质： 保利龙颗粒、涤纶

特点： 懒人沙发的可塑性极强，形状随着使用者身姿的变化而变化，任人放松身心。建议搭配木地板或地毯，也可以放在地台或榻榻米上使用。

（图片来源：网络）

（3）Y形椅

材质： 木、麻绳

特点： 灵感来自中式圈椅，设计师汉斯·韦格纳融合东西方设计元素，进行更加人性化的设计，使椅子更加舒适，充满简约之美。无论用作餐椅还是休息区的单椅，都是不错的选择。

（图片来源：网络）

（4）组合收纳柜

材质： 白橡木

特点： 营造日式风离不开各种收纳柜，此款超高人气的组合收纳柜可随意组合摆放，适用于各个空间；结合内置的抽屉和收纳盒，稍作装饰就很好看。

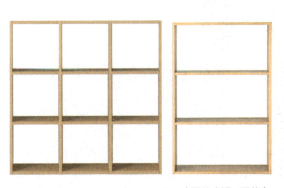

（图片来源：网络）

灯具怎么挑?

灯光是奠定日式风的关键元素,日式空间在照明设计上善用自然光,或使用半透明材质包住发光源,营造温馨的氛围。日式灯具造型存在感较低,在灯光氛围上偏爱暖色调,善用不同类型的灯具来提升空间的格调。

造型简单的竹编吊灯与空间原木氛围相融合,成为视觉的焦点。(图片来源:成都垫芝设计)

1. 日式家居常见灯具类型

（1）吊灯

吊灯一般分为单头吊灯和多头吊灯，前者多用于客厅、卧室，后者宜用在餐厅。不同款式的吊灯在安装时对空间尺度的要求亦不相同，大小、款式搭配适宜的吊灯会成为空间的视觉焦点。

吊灯、落地灯、台灯的组合运用，打造出极具层次感的照明空间。餐桌上方的仿蚕丝灯笼吊灯带出日式禅韵。（图片来源：南京北岩设计）

（2）筒灯、斗胆灯、射灯

将嵌入式斗胆灯或筒灯作为一般照明、射灯作为局部照明是日式家居常用的设计手法，也是当前比较流行的无主灯设计。在光源的选择上，应注意使用柔和、聚光不那么强的类型，以暖光为宜，用于卧室时多选用暖黄色。

内嵌式斗胆灯与射灯的组合应用，让天花板更加干净清爽，既保证基础照明，又便于局部采光，烘托氛围。（图片来源：文仪室内设计）

（3）落地灯

落地灯一般摆放在客厅、卧室、书房等空间，常与沙发、边柜、书桌相搭配，用作局部重点照明，通常对角落气氛的营造，起到画龙点睛的作用。

日式原木三脚架落地灯，布艺灯罩搭配原木支架，有"遗世独立"的质感，能轻松营造出温暖文艺的家居氛围。（左图来源：南京北岩设计；右图来源：南京熹维室内设计）

（4）台灯

台灯集装饰功能与照明功能于一身，可放置于书桌、茶几、床头柜上。在日式空间中，通常选择造型简约且富有特色的原木小台灯，满足照明需求的同时，营造温馨优雅的氛围。

色彩明快的浅色布艺灯罩搭配原木框架、柔和的光源，不经意间点亮内心最柔软的地方。（图片来源：网络）

2. 日式经典灯具单品推荐

（1）"厂房"吊灯

材质： 铝

特点： 因灯具造型与工厂厂房照明灯具相似，故命名"厂房"灯。灯具外形简约又不失设计感，使用时光源位置可尽量往下调，是日式空间餐厅吊灯的不二之选。

（图片来源：网络）

（2）竹编吊灯

材质： 楠竹、慈竹

特点： 禅意十足的日式竹编吊灯赋予空间古朴的韵味，仿佛将大自然引入室内。无论开灯、关灯，都是空间的焦点所在。

（图片来源：网络）

（3）玻璃吊灯

材质： 黄铜、玻璃

特点： 将玻璃的轻盈感与黄铜的雍容华贵巧妙融合在一起，在灯开启的一瞬便让人从浮躁的情绪中回归宁静。

（图片来源：网络）

（4）三脚架落地灯

材质： 木、亚麻

特点： 灯罩为优质亚麻，面料柔和，经过光线折射后能营造温馨的氛围；原木三角支架所特有的稳定性，使得整款灯具看起来"遗世独立"，是日式家居中必不可少的一款灯具。

（图片来源：网络）

（5）原木落地灯

材质： 木、亚麻

特点： 线条利落、极简，天然的木纹肌理渗透着自然的色泽，让人沉浸于日式原木格调之中。可放置于客厅、书房、卧室等。

（图片来源：网络）

（6）AJ灯

材质： 钢

特点： AJ系列灯成名已久，囊括台灯、壁灯、落地灯等，因造型优雅时尚、线条干净利落而备受推崇，是灯具搭配中经久不衰的款式。

（图片来源：网络）

（图片来源：网络）

（7）原木台灯

材质： 木、亚麻

特点： 静雅温和的原木台灯是营造日式风的必选单品，暖黄色光源晕染出温馨之感，不仅点亮了家居空间，更能照亮美好生活。

（8）圆球桌灯

材质： 有机玻璃

特点： 创意灯饰，小巧精致，简约而富有情调，让人一见倾心。放置于卧室床头，成就温馨小角落。

（图片来源：网络）

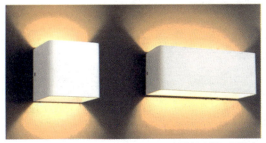

（图片来源：网络）

（9）壁灯

材质： 铝

特点： 此款壁灯常出现在户外，用于室内也能营造极佳的视觉效果；极简的造型很大程度上弱化了灯具的存在感，可作为卧室或走廊的局部照明灯具。

布艺织物怎么选？

在日式风家居软装中，布艺织物主要包括布艺沙发、窗帘、床品、地毯、抱枕等。各种布艺织物之间的优化搭配能有效强化日式风格特征，柔化空间中生硬的线条，营造闲适写意的家居氛围。

素雅的床品与温润的木质家具营造出舒适静谧的睡眠氛围。（图片来源：武汉 C-IDEAS 陈放设计）

简洁、素雅、顺应自然是日式家居布艺织物搭配的要旨。（图片来源：南京熹维室内设计）

1. 布艺织物的搭配原则

在搭配日式布艺织物时，应与室内整体设计风格相呼应，同时注意配色上的协调统一，以暖色系为主；尺寸以家具为参照，面料多选用手感舒适的棉、麻等天然材质。

2. 布艺织物常见类型及单品推荐

（1）布艺沙发

日式家居中的布艺家具以三人位沙发、单人沙发和懒人沙发为主，灰色、亚麻色或米白色的布艺沙发通常是空间的主角，布艺柔软的质感为空间注入一丝温暖。

浅灰色的三人位布艺沙发与木地板、茶几的颜色接近，整体搭配沉稳、内敛。（图片来源：南京熹维室内设计）

① 实木布艺沙发

此款经典、简约的沙发以麻面布艺搭配实木框架，既能活跃家居气氛，又不打乱色彩平衡，让客厅散发温馨感和归属感。

（图片来源：网络）

② 棉麻布艺沙发

流畅的线条勾勒出优雅的造型，扶手处采用木纹框架包边处理，内置软体结构；沙发套采用棉麻面料，透气性好，易于清洁打理，整体设计延续日式风安静而深邃的气质。

（图片来源：网络）

③ 日式羽绒布艺沙发

采用天然棉麻＋柔软羽绒填充，坐感舒适，回弹性好，饱满的内胆让人尽享优质的家居生活，分分钟缓解工作和生活中带来的疲惫感。

（图片来源：网络）

（2）床品

床品在卧室的氛围营造上具有不可代替的作用。材质多采用纯棉质地，夏天可选择清新淡雅的白色、米色，冬天则可选择有视觉温暖感的咖啡色、灰色等。

（素雅的格子四件套是日式床品的标配，营造温馨惬意的睡眠氛围。图片来源：成都喜屋设计）

① 纯色

纯色的床品完美体现了日式风的宁静优雅。一片单纯、暖心的颜色不亚于冬日里的阳光，祥和又温馨，为卧室带来纯朴、安宁的感觉。

（图片来源：网络）

② 格子图案

低调素雅的格子图案散发着文艺恬淡之气，亦能丰富空间的层次，令人百看不厌，是日式床品的经典款。

（图片来源：网络）

③ 条纹图案

百搭又好看的条纹元素从 20 世纪 60 年代流行至今，是实至名归的日式经典款床品；简洁素雅的条纹自有一种纵深感，成套的床品更让条纹元素充盈整个睡眠空间。

（图片来源：网络）

（3）地毯

地毯可以丰富空间层次，强化视觉重点，赋予居室温度和趣味性。常铺设在客厅中间、窗前或卧室等位置。日式家居空间中的地毯材质多选用剑麻、混纺、化纤等；颜色主推素雅的灰色和原木色，两者非常沉稳，彰显纯粹之美。

剑麻地毯能长期散发植物特有的清香，带给人愉悦的感受。（图片来源：广州家语设计）

① 剑麻地毯

剑麻地毯是日式空间出镜率较高的单品，一般有斜纹、鱼骨纹、帆布平纹、多米诺纹等。采用天然剑麻纤维编织而成，纤维里含有的水分可以根据环境的变化吸湿或放出水分来调节空气温度，并具有防蛀虫、防静电、易打理等特点。

（图片来源：杭州白文玉景室内设计）

② 素色地毯

日式家居对于大面积出现的物品倾向于使用比较保守的色调，大地色或纯色等饱和度较低的地毯，能降低地毯的存在感，突出视觉重点。

（图片来源：网络）

③ 圆形地毯

小户型空间或卧室推荐使用此款日式圆形地毯。小巧圆润的造型能放大空间感，作为局部点缀，效果非常好，也能在视觉上减少室内方方正正的严肃感。

（图片来源：网络）

花艺、绿植怎么挑？

营造素雅的日式家居，花艺、绿植是锦上添花的软装元素。在室内选择合适的花艺、绿植来陈设，不仅能体现日式和风所强调的天人合一，更能获得禅意的生活境界。

玄关处禅意的艺术插花和软装摆件，不仅是一种软装点缀，更表达了屋主对美好生活的向往。（图片来源：成都嘉厘设计）

日式家居中的绿植除了可以净化空气外，常起到平衡视觉的作用；在以白色和原木色为主的空间内，绿植能为室内带来些许绿意和自然气息。（图片来源：重庆琢信装饰）

1. 花艺、绿植陈设的原则

◎ 原则：室内花艺、绿植的陈设倾向于用简单朴素的元素，强调自然之美、禅意之味。结合家居整体环境，巧借植物来营造空间的意境美，并注重空气的流动性与植物本身的关系。

◎ 配色：在颜色的选择上，以绿色为主调，局部采用略带饱和度的插花，整体契合日式家居简约的色彩基调。

◎ 形态：在形态的塑造上，注重行云流水般的感觉，强调画面的平衡感。

提到日式风，不可回避侘寂之美，一盆枯枝里也能蕴藏丰富的世界。（图片来源：成都境壹空间设计）

2. 日式风常见绿植推荐

（1）琴叶榕

又名"琴叶橡皮树"，具有较高的观赏价值，是理想的客厅内观叶植物。喜温暖、湿润和阳光充足的环境，除了净化空气外，还能装点居所和入药。

养护小贴士：保持足够的光照、通风，对水分的要求是宁湿勿干；琴叶榕容易头重脚轻，在容器的选择上，底部一定要足够重，以防倒掉。

挺阔高大的琴叶榕不仅能为居室带来大自然的气息，还平衡了空间的色彩。（图片来源：成都喜屋设计）

（2）龟背竹

龟背竹为常绿藤本植物，适应环境能力极强，喜荫耐湿，对土壤肥力要求不高。羽状的叶脉间散布着许多长圆形的孔洞和深裂，形状似龟甲；茎有节似竹节竿，故名"龟背竹"。

养护小贴士：喜温暖、潮湿的环境，切忌强光曝晒；如遇虫害，养护时可用牙刷将其轻轻刷除，放在通风、明亮的地方，可减少其虫害病发率。

龟背竹的叶子像镂空的雕花，姿态轻盈舒展，能营造和风所特有的温馨静谧的氛围。（图片来源：家居达人）

（3）虎尾兰

又名"虎皮兰"，四季常绿草本植物，花期在 11 至 12 月，适应环境能力强，喜光又耐阴，对土壤要求不高。可有效吸收室内的有害气体，适合布置在书房、客厅、办公场所等。

> 养护小贴士：保持充足的光照，夏季避免阳光直射；冬季放在向阳的房间以保暖；对土壤和容器无特别要求，保持良好的透气、透水即可，2 至 3 天浇水一次，切忌浇水过多。

虎皮兰具有蓬勃向上、熠熠生辉的态势，是家居中亮丽的风景。（图片来源：重庆琢信设计）

文竹的叶片细小绵软，叶茎具有很强的延展性，与日式家居所追求的闲悠然自得的生活境界完美契合。（图片来源：网络）

（4）文竹

又称"云竹"，为多年生、常绿藤本观叶植物。根部稍肉质，茎柔软丛生，叶退化成鳞片状，淡褐色，着生于叶状枝的基部。文竹以盆栽观叶为主，常置于书案间，以增添书香气息。

> 养护小贴士：保证养分充足，避免营养成分流失；多浇水，保持盆土湿润，并将其放置在空气湿度较大的地方，同时避免强光直接照射。

（5）日本大叶伞

原产马来半岛及东南亚一些岛屿，在日本广受欢迎。后经日本引入中国，故称"日本大叶伞"。常摆放于客厅，叶片自然下垂，组成伞状，美观又不失可爱，不用精心照料，也能恣意生长。

> 养护小贴士：喜光但不宜强光直射，适合生长的室温为20至30度，不耐低温，冬季仍需保持在5度以上；浇水遵循"不干不浇，浇则浇透"的原则。

如果说一株绿植就可以奠定居室的风格基调，那么日本大叶伞便属此类植物，清爽的造型可以轻松营造出日式风。（图片来源：网络）

（6）日式插花

日式插花以花材用量少，选材简洁为主流，以花的盛开、含苞、待放代表事物的过去、现在和将来。常摆放于玄关、书房、餐厅等处，基本形态为长形、弯曲的枝干，配上星星点点的绿叶或者花朵，充满禅意。

日式插花于静态中能够体现动态的美，简单的一盆插花作品，摆放在居室内，自成小景，禅意无穷。（图片来源：网络）

3. 日式风花艺、绿植容器的选择

在花艺、绿植容器的选择上,既要考虑所摆放的位置与家居氛围相协调,又须结合花艺、绿植的形态、颜色等。推荐陶瓷、树脂、玻璃、藤编、牛皮纸等天然材质;造型简单,色彩以黑、白、灰等素雅的颜色为主。

(1) 陶瓷

禅意插花搭配质朴的陶瓷容器能在有限的空间里展现出无限的趣味与生机。(图片来源:网络)

(2) 藤编储物篮

用天然材料制成的藤编储物篮,延续日式风所独有的清雅,给人平静之感。(图片来源:网络)

(3) 玻璃

透明抑或磨砂,都拥有迷人的魅力,至简至美,是盛放花艺的不二选择。(图片来源:网络)

挂饰怎么配?

在日式风室内软装中,装饰挂件能起到画龙点睛的作用,体量虽小,却可以丰富空间、调节色彩、渲染氛围,合理的搭配可以使空间更具有生机与活力。

沙发背景墙上的写意山水画,晕染出无穷的意境。(图片来源:成都境墨空间设计)

1. 常见挂饰类型及特点

日式家居中常用到的挂饰主要有挂画、时钟、置物架、壁挂 CD、壁挂收纳袋等，这些琐碎的日常之物是对空间最好的装饰。挂饰在材质和配色上依然遵从日式风平静质朴的调性。

沙发背景墙上的三联禅意山水挂画与家具的风格、色彩相呼应，整个空间禅意浓浓。（图片来源：成都梵之设计）

2. 日式风挂饰单品推荐

（1）挂画

日式挂画的主题以简洁为主，推荐浮世绘、山水画或画面多留白的类型，以延续日式禅意的风格。挂画的高度以画面中心稍高于人站立时所及视线为佳，画框优选原木色或白色。

浮世绘是日本传统风俗画，此幅名为《神奈川冲浪里》的浮世绘，是众多描绘富士山作品中的翘楚。（图片来源：网络）

大量的留白构图传达着无尽的意韵，易于营造静谧的睡眠氛围。（图片来源：成都梵之设计）

（2）小圆钟

小圆钟，普通又实用的生活用品，是日式空间中出镜率较高的挂饰。原木边框，白色界面，玻璃表盘，整体造型简约，却让文艺气息充盈整间屋子。

（3）置物架

日式家居中很少出现华丽的艺术品，自家的杂物却是最好的装饰，摆放在壁挂置物架上，展示效果极佳。通常选择与家具同色系的原木置物架，充分利用墙面空间。

在日式家居中少见浮夸的装饰，而这最日常的小圆钟乃最实用之物，是对空间最好的装饰。（图片来源：成都梵之设计）

造型不一的壁挂置物架可将杂物收纳妥当，极大地提高了空间利用率。（上图：成都境壹空间设计，下图：武汉 C-IDEAS 陈放设计）

（4）壁挂式 CD 播放器

壁挂式 CD 播放器设计独特低调，轻拉电源线即可启动或停止播放，是过去十年日本工业设计中最流行的作品之一，也是家居爱好者（特别是音乐爱好者）提高生活品质的不二之选。

既是播放器，又能装点墙面，也是音乐爱好者不可错失的家居单品。（图片来源：网络）

（5）棉麻收纳袋

规则和秩序是日式家居之魂，钥匙、遥控器、手工艺品等日常小物件都可以放进略带日式杂货风的收纳袋里。棉麻布艺更富文艺气息，能打造出日式专属的温柔。

日式空间中的挂饰多为大家所熟知的日常用品，与生活息息相关，充满烟火气和温度感。（图片来源：网络）

日式特色家居用品推荐

1 百叶窗

百叶窗不仅能根据光照调整入户光线，还具有惊艳的光影效果。根据开启方式不同，可以选择水平百叶窗、折叠百叶窗、卷帘百叶窗，颜色推荐原木色或纯白色。

2 暖帘

暖帘是日本文化中的一个重要元素，最早的功能为遮光、防尘，现已代替拉门，能对室内空间进行软性分割。可用在玄关、厨房、卫生间，不失为居家一道独特的风景线。

3 榻榻米

榻榻米占地面积小，适用于小户型空间或阳台、飘窗等区域，兼具收纳和坐卧功能，是日式家居中的代表元素。材料多选择透气性较好的草席面和纸席面。

软装提案

4 懒人沙发

日式榻榻米懒人沙发、坐垫靠椅,角度可调节,适合摆放于榻榻米、飘窗、地毯上,文艺感十足。

5 榻榻米茶几

实木骨架、天然竹片与香蒲草完美结合,内部可收纳杂物,功能强大。造型质朴简约,为家增添温馨的气息。

6 藤编蒲团

天然藤编蒲团可摆放在榻榻米、地毯或飘窗上,给人一种素雅清新之感,是营造宁静和风氛围的不二之选。

7 组合收纳柜

日式组合收纳柜,可以很好地收纳一些零散的小物件或者放置书籍等,使空间变得整洁有序,所选材料须在色系上保持统一。

8 藤编收纳筐

采用天然材质,纯手工编织而成,有着雅致古朴的气质,收纳起物品来也是有温度的,可以轻松营造日式风家居。

9 布面木椅

原木和布是最文艺的搭配,布面木椅比纯实木的椅子看起来要活泼一些,但素色布面又使它不显张扬,特别适合文艺复古之家。

10 川上扶手椅

川上元美的这款扶手椅是现代设计与传统木作工艺结合的经典之作,背板、扶手、腿足线条流畅,一气呵成,造型感十足。座面贴合臀部曲线,不仅拥有优雅的弧线,也让坐感更舒适。

11 超声香薰加湿机

超声波产生的雾气能有效扩散精油的香味,加湿机点亮之后还可用于夜间照明,既可提供视觉享受,又能兼顾嗅觉与健康,是一件极具生活质感的家居单品。

12 日式茶具

在榻榻米和室中摆放一套禅意的茶盘、茶具,更好地营造静谧的日式氛围。

13 地板拖鞋

此款地板拖鞋自带文艺属性,素雅的格子设计简洁大方;纯棉布料,质感细腻,也是日式家居必备单品。

图书在版编目（CIP）数据

好想住日式风的家 / 任菲编. -- 南京：江苏凤凰科学技术出版社，2018.4
 ISBN 978-7-5537-8988-0

Ⅰ. ①好… Ⅱ. ①任… Ⅲ. ①住宅－室内装饰设计 Ⅳ. ①TU241

中国版本图书馆CIP数据核字(2018)第016429号

好想住日式风的家

编　　　者	任　菲
项 目 策 划	凤凰空间/庞　冬
责 任 编 辑	刘屹立　赵　研
特 约 编 辑	庞　冬　姚　远

出 版 发 行	江苏凤凰科学技术出版社
出版社地址	南京市湖南路1号A楼，邮编：210009
出版社网址	http://www.pspress.cn
总　经　销	天津凤凰空间文化传媒有限公司
总经销网址	http://www.ifengspace.cn
印　　　刷	天津市豪迈印务有限公司

开　　　本	710毫米×1 000毫米　1 / 16
印　　　张	9.25
字　　　数	103 600
版　　　次	2018年4月第1版
印　　　次	2023年3月第2次印刷

标 准 书 号	ISBN 978-7-5537-8988-0
定　　　价	49.80元

图书如有印装质量问题，可随时向销售部调换（电话：022-87893668）。